# 筑境

中国精选建筑100

筑境 中国精致建筑100

# 泸沽湖畔『女儿国』——洛水村

中国建筑工业出版社

## 出版说明

中国是一个地大物博、历史悠久的文明古国。自历史的脚步迈入新世纪大门以来，她越来越成为世人瞩目的焦点，正不断向世人绽放她历史上曾具有的魅力和光辉异彩。当代中国的经济腾飞、古代中国的文化瑰宝，都已成了世人热衷研究和深入了解的课题。

作为国家级科技出版单位——中国建筑工业出版社60年来始终以弘扬和传承中华民族优秀的建筑文化，推动和传播中国建筑技术进步与发展，向世界介绍和展示中国从古至今的建设成就为己任，并用行动践行着“弘扬中华文化，增强中华文化国际影响力”的使命。从20世纪80年代开始，中国建筑工业出版社就非常重视与海内外同仁进行建筑文化交流与合作，并策划、组织编撰、出版了一系列反映我中华传统建筑风貌的学术画册和学术著作，并在海内外产生了重大影响。

“中国精致建筑100”是中国建筑工业出版社与台湾锦绣出版事业股份有限公司策划，由中国建筑工业出版社组织国内百余位专家学者和摄影专家不惮繁杂，对遍布全国有历史意义的、有代表性的传统建筑进行认真考察和潜心研究，并按建筑思想、建筑元素、宫殿建筑、礼制建筑、宗教建筑、古城镇、古村落、民居建筑、陵墓建筑、园林建筑、书院与会馆等建筑专题与类别，历经数年系统科学地梳理、编撰而成。本套图书按专题分册，就其历史背景、建筑风格、建筑特征、建筑文化，结合精美图照和线图撰写。全套100册、文约200万字、图照6000余幅。

这套图书内容精练、文字通俗、图文并茂、设计考究，是适合海内外读者轻松阅读、便于携带的专业与文化并蓄的普及性读物。目的是让更多的热爱中华文化的人，更全面地欣赏和认识中国传统建筑特有的丰姿、独特的设计手法、精湛的建造技艺，及其绝妙的细部处理，并为世界建筑界记录下可资回味的建筑文化遗产，为海内外读者打开一扇建筑知识和艺术的大门。

这套图书将以中、英文两种文版推出，可供广大中外古建筑之研究者、爱好者、旅游者阅读和珍藏。

# 目录

# 泸沽湖畔『女儿国』——洛水村

风光明媚、碧波荡漾的泸沽湖，位于云南省东北部的宁蒗彝族自治县永宁乡与四川省西南部的盐源县左所区、木里县一区的接壤地带，海拔两千余米，方圆约50公里。这一地区的地形特征是典型的高原盆地，周围是郁郁葱葱的纳喇山脉，泸沽湖就是因地壳运动使得盆地中裂断陷而形成的。由于湖的平面形状看起来就像是一个曲颈葫芦，因而被称为“泸沽湖”。当地人则把“泸沽湖”称为“谢纳米”，意即“母海”；同时又将屹立于泸沽湖北岸的一座山峰称为“干木”，也就是“女山”的意思。人们相信泸沽湖是女神的眼泪汇聚而成的，当时她曾为悼念她的情人而痛哭了七天七夜。这些美丽的传说和当地独特的风俗习惯都为泸沽湖增添了许多神秘的色彩，使人们不由自主地将充满浪漫情调的“女儿国”与她紧紧地联系在一起，吸引着越来越多的人去探寻她的秘密。

图0-1 泸沽湖地区主要村落示意图

方圆约五十公里的泸沽湖，位于云南省东北部的宁蒗彝族自治县永宁乡与四川省西南部的盐源县左所区、木里县一区的接壤地带，海拔两千余米。（引自严汝娴、宋兆麟《永宁纳西族的母系制》）

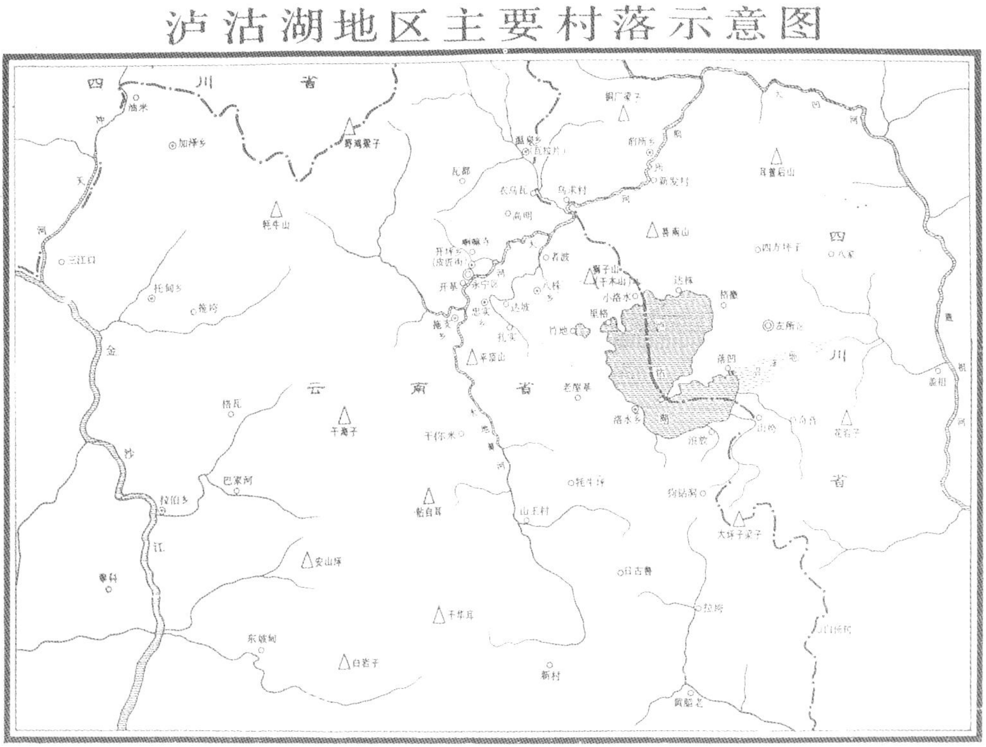

图0-2 秀美的泸沽湖景色（杨昌鸣 摄）/上图
泸沽湖是因地壳运动使得高原盆地中裂断陷而形成的，周围是郁郁葱葱的纳喇山脉。对于水天一色的比喻，也许只有到过泸沽湖的人才能真正领会。

图0-3 神圣的女山——干木山（杨大禹 摄）/中图
屹立于泸沽湖北岸的“干木”山，是摩梭人心目中的“女山”。它也可看作泸沽湖地区母系社会女性崇拜的形象标志。

图0-4 普米族男子（杨昌鸣 摄）/下图
如果只是从外表上来观察，我们很难看出他是一个地地道道的普米族男子。不用问，他也是“走婚”一族，他的“家”也与其他摩梭人大同小异，他所述说的故事使我们对泸沽湖畔的普米人的生活方式有了较为清晰的了解。

居住在泸沽湖周围地区的主要是摩梭人及少数普米族。

摩梭是一个古老的族称。在历史典籍中，也曾有“摩沙”、“摩挲”、“摩些”、“末些”等写法。这个民族的始祖有可能与古羌人有着密切关联，本身又有很多支派，分布的地区也各不相同，如自称为“纳西”的支派主要分布在云南丽江一带，自称为“纳日”的支派则主要分布在泸沽湖周围地区，此外还有一些支派分布在四川及西藏地区。1949年以后，有关方面将分布在各地的摩梭人统一定名为纳西族。由于社会经济形态发展的不平衡性和地理位置等多方面的原因，尽管丽江一带的纳西族早在明清之际就在生产力、生产关系、生活方式等方面逐步与汉族相接近，正如乾隆《丽江府志略》上卷所说：“么些，安分畏法，务耕种，畜牛羊，勤俭治生。今渐染华风，服食渐同汉制。”然而，居住在泸沽湖周围地区的摩梭人仍保留着古老的母系制习俗，并将“摩梭”这一族称沿用至今。为与居住在其他地区的纳西族有所区别，我们在行文中仍将其称为摩梭人。

普米族自称“普黄米”、“普日米”、“平米”或者“拍米”，亦即“白人”之意，语言系属为汉藏语系。普米族都是一夫一妻制的父系家庭，实行氏族外婚、等级内婚。但也有一部分普米族因受摩梭人的影响而实行“阿注”走婚制，保持着母系家庭的形态。居住在洛水上村的普米人就是其中的一个典型。

# 一、泸沽湖畔洛水村

汽车离开了宁蒗彝族自治县县政府所在地之后，便一头扎进了层峦叠嶂的群山之中。看着车窗外蜿蜒曲折的盘山公路，不由得想起“山间铃响马帮来”的情景。在这条简陋的公路建成通车以前，为这个高原山区提供交通和商贸联系的主要途径正是那些充满传奇色彩的“马帮”。一想到当年“马帮”的艰辛，便没有人再对崎岖公路的路况不良而有所抱怨，也不再有人对公共汽车的速度太慢而感到不满。因此，即便是全车的乘客不得不几次下车去人推肩扛，才使得车辆能够艰难地越过一个又一个障碍，大家也毫无怨言。终于，当一路蹒跚的汽车吐出一口粗气爬上山巅，高大的树梢突然跌落在视平线以下，湖光浩渺的泸沽湖映入我们眼帘，一种难以形容的愉悦和激动顿时涌上心头，一路的疲惫似乎也悄然离去。带着几分期待、几分好奇，我们来到了名闻遐迩的泸沽湖畔洛水村。

图1-1 山间铃响马帮来
（杨昌鸣 摄）
翻过高山，越过峻岭，伴随着清脆的铃声，马帮带来了山外的诱惑，也带去了村民的希冀。

图1-2 湖上遥望洛水村（杨大禹 摄）
在湖水与大地的交汇处，突然出现的一抹人工痕迹，正是摩梭人的骄傲，泸沽湖畔的洛水村。

图1-3 洛水村总平面图

顺应地势的变更和民族的分布特点，洛水村也自然地分为上下两部分，喜水的摩梭人住在湖边，爱山的普米人聚在山麓，大家和平相处，其乐融融。（引自李晓娟《泸沽湖摩梭民居初探》）

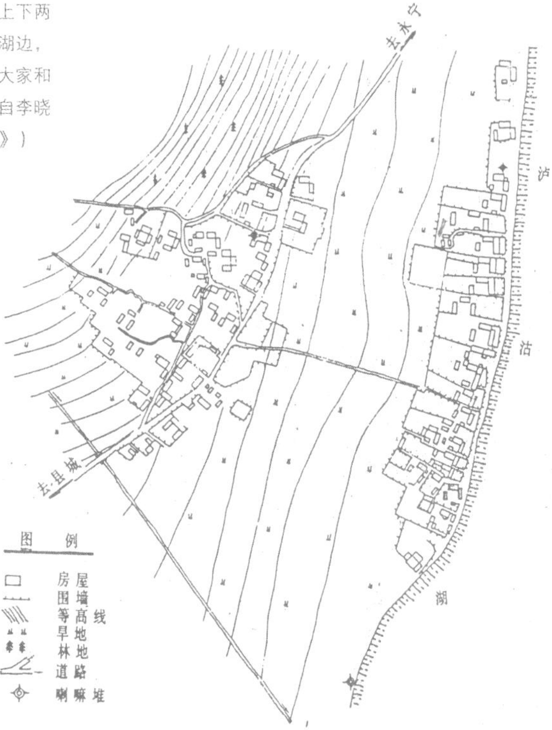


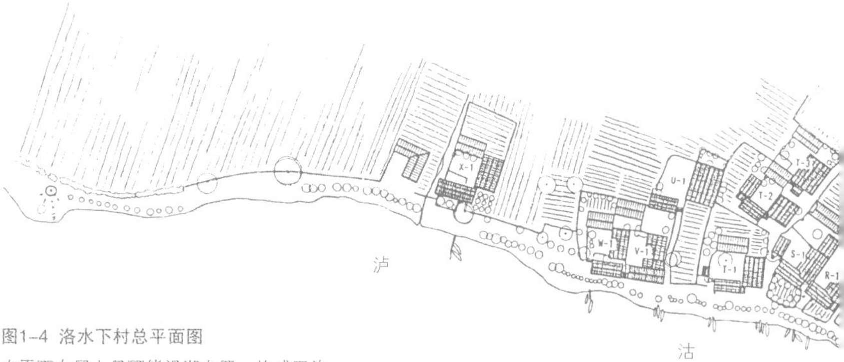


图1-4 洛水下村总平面图

在平面布局上尽可能沿湖布置，构成了洛水下村的突出特色。少数几幢住宅的后退，使线性的空间形态产生明显的开合变化，消除了沉闷的感觉。（引自浅川滋男《云南省纳西族母系社会的居住样式与建筑技术的关系的调查与研究》）

洛水村之所以有名，一是因为交通方便，由宁蒗通往永宁的公路从村中穿过，它又是经过长途跋涉的人们最先看到的泸沽湖畔的聚落，专程来探访“女儿国”秘密的游客，一到这里，都迫不及待地开始进行期待已久的观光活动；即使是行色匆匆的路人，也大多愿意在这风景如画的优美环境中小憩片刻，养精蓄锐。再一个原因就是摩梭（纳西）和普米这两个完全不同的民族在这里和平共处、亲如一家，其中的奥妙也很令人回味。

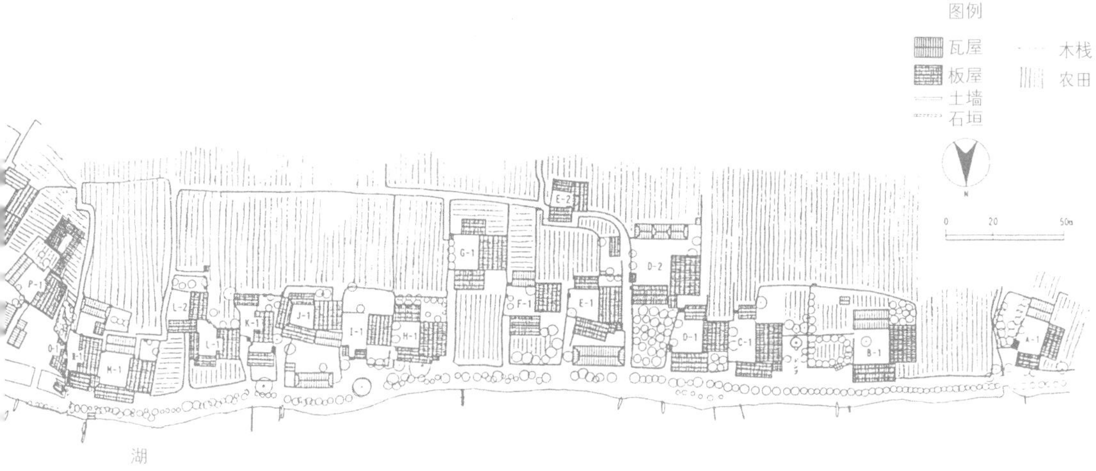

**图1-5 洛水下村全景**（杨大禹 摄）
现在我们所看到的洛水下村，已经和以往大不相同了，好在这里的自然景观依然令人神往。

**图1-6 湖畔人家**（杨大禹 摄）
木屋、绿树、土墙，湖水、小船、人家，黄褐、青绿、猩红，在和谐与对比之中，勾勒出自然与人工相互交织的优美画卷。

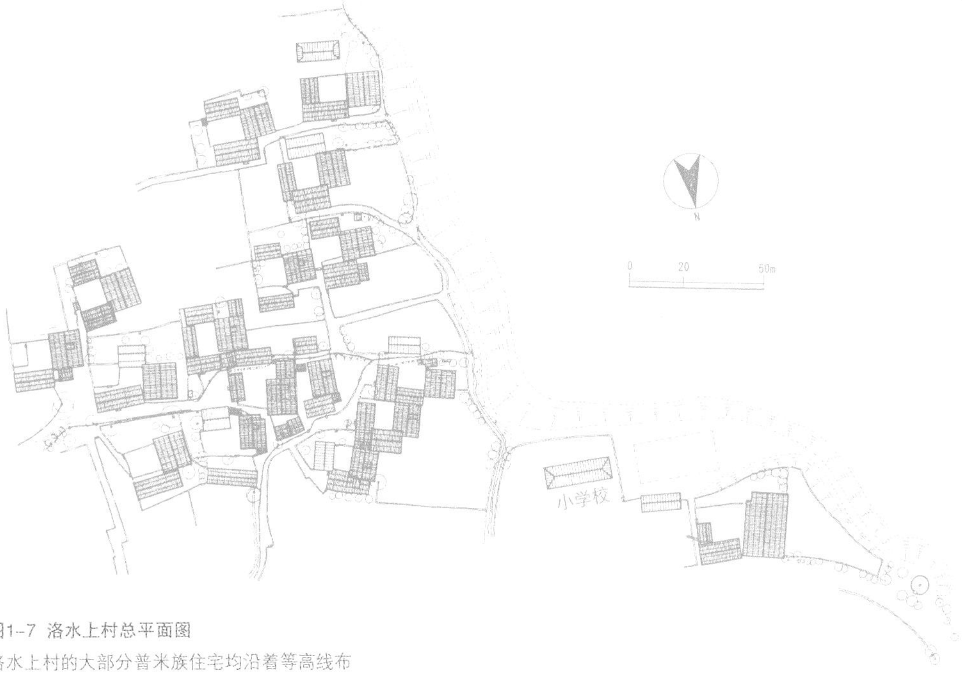


图1-7 洛水上村总平面图

洛水上村的大部分普米族住宅均沿着等高线布置在山麓，在布局上显得相对集中一些，与下村的布局方式稍有不同，这也许就是两个不同民族有所区别的一些细微特征之一。（引自浅川滋男《云南省纳西族母系社会的居住样式与建筑技术的关系的调查与研究》）

洛水村背山面湖，又分为上、下两个小村，分别居住着普米族和摩梭人。洛水下村紧靠泸沽湖，东西长约700米，南北宽约100米，有30余户摩梭人家庭，共200多人。这座村子的总体布局是以院落为基本单元，在村落的南北方向上大致有两个或三个院落，各个院落之间由小路加以串联，构成一个既相对独立、又相互联系的建筑组群，沿湖岸呈线形展开。湖畔的高大树木，在建筑与湖水之间构筑起一道绿色长廊，成为人造环境与自然环境的分界线。也可能是舍不得再损毁村落与公路之间那片弥足珍贵的良田的缘故，洛水下村新增加的院落通常都布置在东西两端，形成一种沿着湖岸不断生长的态势。

图1-8 普米族住宅院落典型平面图

普米族住宅院落与摩梭人住宅院落一样，也是由正房、经堂及花骨等三大部分组合而成。（引自浅川滋男《云南省纳西族母系社会的居住样式与建筑技术的关系的调查与研究》）

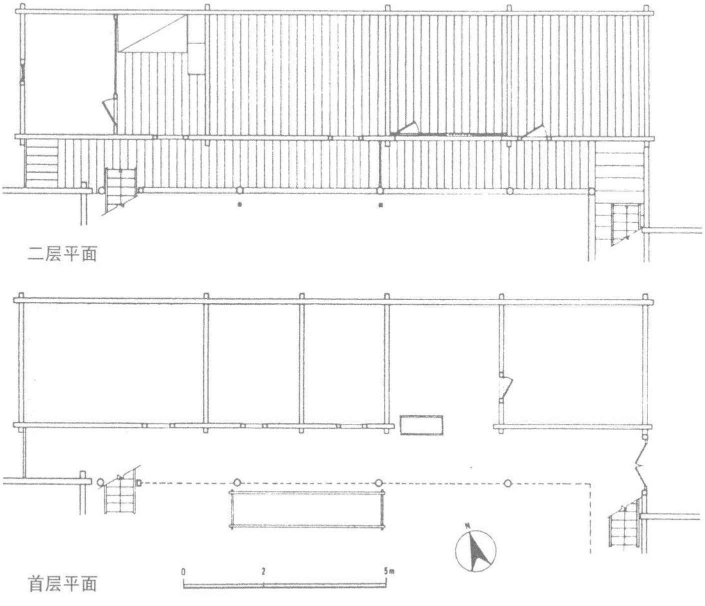

图1-9 普米族住宅院落（杨昌鸣 摄）/上图

即使是在院落的空间构成上，普米族与摩梭人之间的相似性也是有目共睹的。

图1-10 普米族住宅外景（杨昌鸣 摄）/下图

假如不加特别说明，估计大多数人都分辨不出它究竟是普米族住宅还是摩梭人住宅，因为它们的外观的确也没有太大的差异。

洛水上村位于下村背后的山麓，其界限就是由宁蒗到永宁的公路。与下村的布局方式稍有不同，洛水上村的布局显得相对集中一些。大部分普米族住宅均沿着等高线布置在山麓，其住宅院落的格局与洛水下村没有太大的差别。当然，普米族住宅与摩梭人住宅在具体的建筑构造或细部处理方面并不完全相同，但若不仔细观察则不易察觉，这也许是不同民族的特征在建筑上的自然反映。

# 二、神秘浪漫的『女儿国』

“女儿国”的故事不仅在我国的古典文学名著《西游记》中有生动的描述，而且在世界各国的民间传说中也经常能够见到。古老的习俗与现实生活的巨大反差，再加上文学描写的艺术魅力，为“女儿国”蒙上了一层神秘的面纱，常常使人在遐想的同时，产生一种欲识“庐山真面目”的期待。

所谓的“女儿国”，其实是人们对古老的母系氏族的一种形象称谓。母系氏族在人类历史发展中占有重要的地位，因为在人类发展的初期阶段，人们的生活还处于一种无序状态，对于两性之间的关系以及血缘、伦理道德之类的问题还没有明确的认识，所以在婚姻方面也不可避免地会出现群居杂婚的现象。正如《吕氏春秋·恃君览》所载：“昔太古尝无君矣，其民聚生群处。知母而不知父，无亲属兄弟夫妻男女之别，无上下长幼之道。”在这种状态下，以母亲为中心的生活方式也是一种顺理成章的选择。

随着人类的进化，杂交群婚逐渐为血缘群婚所取代。为了应付日益恶化的生存环境，原始的群居生活集团不得不分化成若干较小的集团，构成这种小集团的基本单元通常就是血缘家族，而一个血缘家族又是由一个始祖母的若干后裔组合而成的。血缘群婚也就是在具有同一血缘关系的家族成员之间相互婚配，曾在摩梭人乃至世界许多民族中普遍流传的“兄妹通婚”之类的民间传说，正是这种血缘群婚现象的形象描述。

图2-1 女儿国的主角（杨大禹 摄）
在外界的传说中，她们是女儿国的主角；但在现实生活中，她们又何尝不是摩梭人家庭的主宰。对未来的期盼和追求，尽在轻歌曼舞中。

在摩梭人的早期亲属制度中，直系血亲仅仅包括所有的母系亲属，每一辈人之间都是兄弟姐妹之间的关系，其长辈在远古时也理所当然地就是相互婚配的兄弟姐妹。换句话说，每一辈人之间也可以是配偶的关系。这种观念的出现也是以母系血缘为基础的。

然而，血缘家族内部的相互婚配，毕竟会在一定程度上制约着人类的体质和智力的发展，这是与人类的进化进程所不相适应的。在这种情况下，血缘家族内部通婚的做法逐步遭到唾弃，与不同血缘家族通婚的集团也越来越多。人类学家通常把这类集团称作“氏族”。摩梭人从血缘家族向氏族的转换也经历了一个相当长的过程。在传说中他们最早只有六个氏族，而且是两两相对应的三个组，这也许是这种转换所必然要经历的一个初期阶段。尽管如此，摩梭人的氏族依然是以母系血缘为联系纽带的。

当然，氏族之间的通婚，经历了从野合群婚到集体走访婚、从集体走访婚再到个体走访婚这样一个由低级到高级的漫长的发展过程。集体走访婚就是一个氏族的一群男子以走访的形式与另一个氏族的女子集体结合，在我国某些少数民族中曾经存在过的男女公房就是集体走访婚的产物；而个体走访婚则打破了氏族的界限，也不再有集体活动的约束，并且逐渐形成女方居住、男方走访的模式。泸沽湖地区的摩梭人所保留的“阿注”婚实际就是“女方居住”的个体走访婚的一种表现形式。

泸沽湖地区的摩梭人家庭，称为“衣杜”。住在同一个“衣杜”里的人，大体上也属于同一母系亲族。这种母系亲族是一个血缘集团，一般由同一个女始祖的若干代后裔组成，但不包括其成员的男（或女）配偶。在一个“衣杜”中，起决定作用的是母系血缘纽带关系，男子不能以父亲的身份加入这一血缘集体，只有舅舅、兄弟和儿子才有这种资格，但他们在“衣杜”中不能占据主导地位。因此，摩梭人的家庭是一个不折不扣的女性世界。

由于当地的男子有相当一部分出家当喇嘛或是从事外出经商等活动，长期在家居住的男子数量相对较少，主要的生产活动几乎都由女性来承担，因而在家庭经济收入和财务管理方面的“发言权”也理所当然地归女性所有，这与传说中的“女儿国”的确有几分相像。

# 三、『阿注』婚姻的遗韵

图3-1 花骨外景（杨昌鸣 摄）/前页
别看它其貌不扬，却能令众多儿郎夜夜魂牵梦绕。

在去洛水村之前，曾有人告诉我们，假如你每天清晨爬上村边的高坡，一定会看得到这样的景象：若干中青年男子分别从各家各户的木楼中悄悄溜出来，然后又走进村中的其他木楼，或者消失在通往邻近村庄的小道上，颇具神秘浪漫色彩。我们没有去作这样的亲身体验，但却丝毫不怀疑这种说法的真实性。因为在保留着“阿注”婚姻习俗的摩梭人的心目中，中青年男子在自己的家中是没有睡觉的地方的，他们应该在“阿肖”家里过夜，否则就说明他们无能，会受到众人的讥笑。实际上，洛水村里摩梭人院落中的一幢幢在外人看来颇具浪漫色彩的“花骨”（即客房），已经为我们提供了明确无误的答案。

“花骨”就是已成年妇女个人所拥有的单个房间，通常布置在厢房或门房的楼上，以便于夜里前来走访的“阿肖”对号入座。一般情况下，一个“衣杜”（即母系大家庭）中有多少位已成年妇女，就应该有几间“花骨”。当然也有因具体因素的变更而临时增减的情况。由于“花骨”不属于个人财产，每个“花骨”的主人只是在一个时段内相对稳定，此后会随着年龄的增长而发生更替，因而它事实上也是具有不确定性的。

在没有亲自看到“花骨”之前，总认为它的布置应该比较讲究或者说具有一种特定的情调才是。出乎我们想象的是，“花骨”的面积并不大，室内陈设也极简单。除了在火塘旁边的板铺可供男女“阿肖”寝卧之外，最常见的

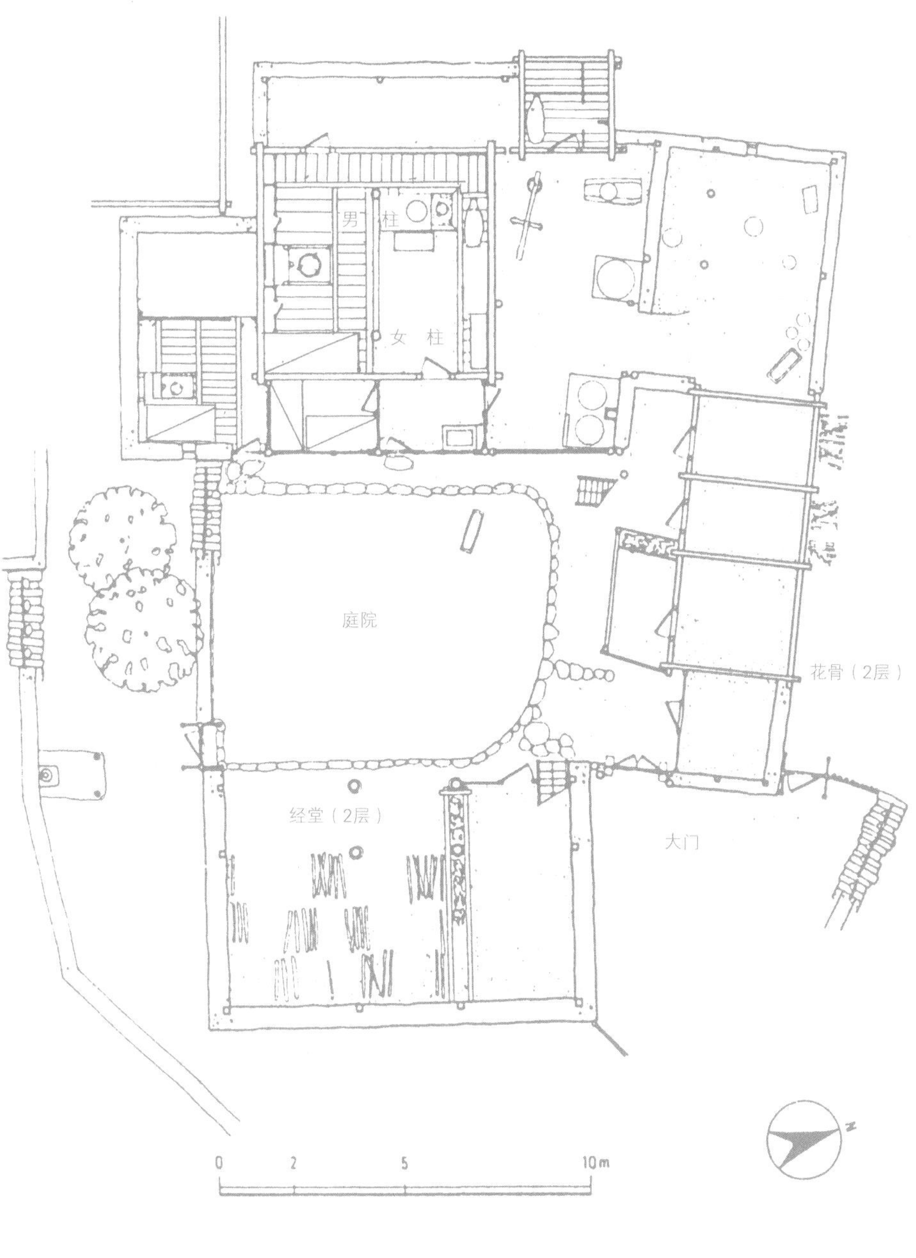


图3-2 普米族住宅典型院落平面图
在这小小的空间里，历史悠远的“走婚”还能演绎多久？（引自浅川滋男《云南省纳西族母系社会的居住样式与建筑技术的关系的调查与研究》）

图3-3 花骨走廊（杨大禹 摄）
有多少痴心的等待，有多少激动的相拥，又有多少难舍的别离，只有这简陋的走廊知道，可它却总是默默无语。



家具可能就是那只衣箱了。与摩梭人的传统生活习惯及当地的气候条件相适应，火塘仍然是这种居住空间中的一个主要元素。但火塘在这里的作用主要是取暖和烧水，偶尔也可供“阿肖”加热食物，其重要性比主室的“下火塘”和“上火塘”要差得多。

表面看来，“花骨”的格局不免有些简陋，但却是与它本身的性质相吻合的。首先，“花骨”在整个院落中，必须处于从属的地位，无论是面积、陈设或装饰都不能超越主室；其次，它的基本空间性质是私密性较强的临时居住空间，而不是带有公共性的日常起居空间，这里既不会进行正规的礼仪活动，也不必过多考虑日常用品的存放问题；第三，由于“阿注”婚本身所具有的特点，来访的“阿肖”通常是不固定的，这种不稳定性也决定了客房布置的简易性。

图3-4 花骨室内陈设（杨大禹 摄）/上图
简单的室内陈设，丝毫不会影响深夜幽会的情趣。

图3-5 摩梭人院落的大门（杨昌鸣 摄）/下图
这看似简陋的大门，对于走婚者来说，并不是想进就能进得去的。

尽管“花骨”在院落中处于从属地位，却丝毫不影响它的神秘性和吸引力，它毕竟在“阿注”婚这种古老的婚姻制度中扮演了一个重要的角色。要想进入“花骨”也不是一件轻而易举的事情，除了少数比较长期的“阿肖”或有事先约定者之外，没有得到女“阿肖”的迎接，来访的男“阿肖”是不能随意进门的，他们只能“投石问路”，向屋顶上扔小石子作为暗号，或是在院落的大门外面唱情歌，直到女“阿肖”肯开门出迎为止。更有意思的是，若系临时性的“阿肖”，即便是能够进入“花骨”，也不一定能高枕无忧。遇到长期“阿肖”突然光临，“第三者”一般都会自觉退避，在旁边的柴草堆上凑合一夜了事，很少出现争风吃醋的情况。

# 四、母系氏族生活的缩影

摩梭人的住宅通常都是由正房、经堂和“花骨”等几幢单体建筑围合成一个院落。除了“花骨”之外，最能表现出母系氏族生活习俗的影响的，就是在院落中占据主导地位的正房了。摩梭人的正房是整座住宅的核心，而主室又是正房的核心，前廊、上室、下室和后室只不过是主室的附属部分，它们的位置经营及其使用功能都证明了这一点。

正房的平面格局，严格说来应该是一个“回”字形平面。中间的口字，也就是建房时最先垒置完成的那一圈圆木井干墙，围合出的正是我们所说的正室。环绕着正室的周边的第二圈井干墙或版筑土墙（在前廊的位置有时也用若干立柱），则围合出服务于主室的外围空间。这个外围空间又被划分为四个组成部分：前廊布置在正室的主入口处，起着交通枢纽的作用；前廊左侧称为上室，有时可分为前后两间，前面的一间用来堆放农具或杂物，后面则供家中年长的单身男子居住；前廊右侧称为下室，类似于厨房，实际上常用于烧煮饲料；后室顾名思义就在正室的后面，主要起仓库的作

图4-1 摩梭人住宅院落一瞥（杨昌鸣 摄）
摩梭人住宅的院落不像汉族或其他民族的院落那样规整，营造出一种开敞清新的家庭生活气氛。

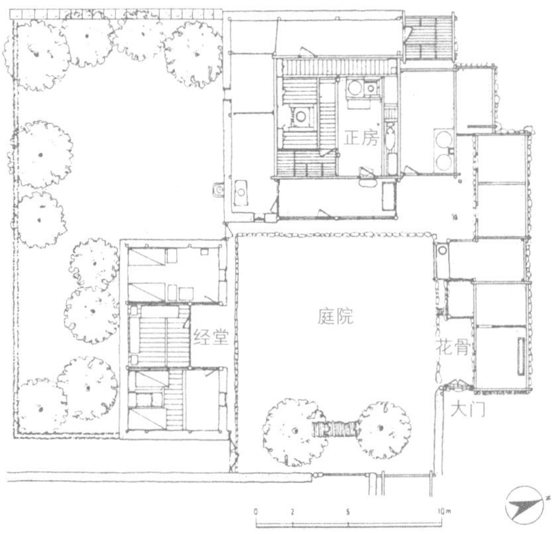


图4-2 摩梭人住宅院落典型平面图

尽管在具体布置上略有差异，但摩梭住宅院落的最常见的布局方式仍是由正房、花骨、经堂等几个部分组合成为一个封闭的院落。（引自浅川滋男《云南省纳西族母系社会的居住样式与建筑技术的关系的调查与研究》）

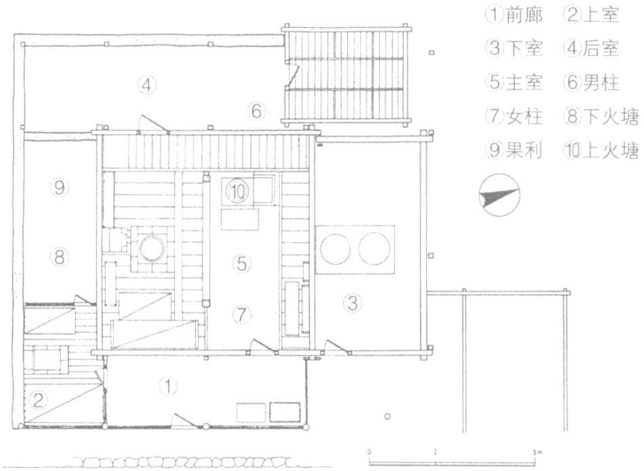


图4-3 摩梭人正房典型平面图

摩梭人的正房是整座摩梭人院落的核心，其平面格局很像是一个"回"字形。而主室又是正房的核心，前廊、上室、下室和后室只不过是主室的附属部分。（引自浅川滋男《云南省纳西族母系社会的居住样式与建筑技术的关系的调查与研究》）

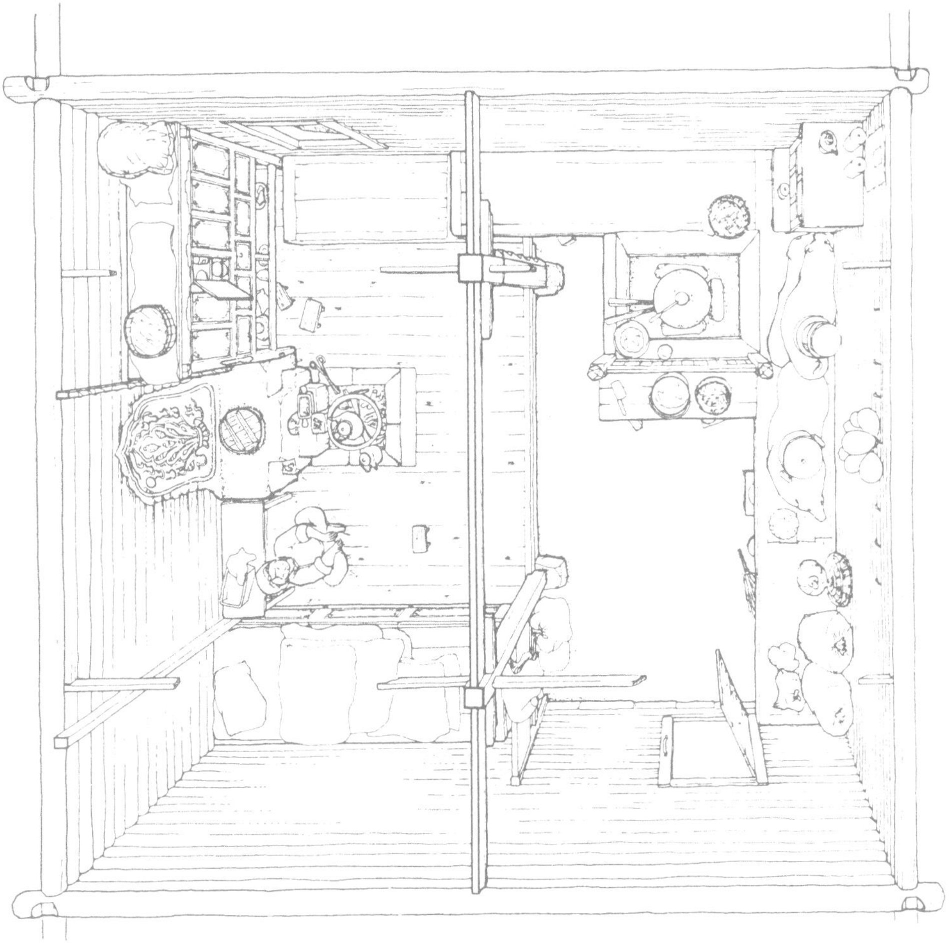

图4-4 正房中的主室俯视图

主室是摩梭人正房中的最重要的部分，摩梭人的主要起居活动均在这里进行。（引自浅川滋男《云南省纳西族母系社会的居住样式与建筑技术的关系的调查与研究》）

图4-5 正房主室入口
（杨大禹 摄）
摩梭人的正房主室入口既具有日常生活的功能性意义，又具有精神生活的礼仪性意义。

用，可存放粮食或其他日常生活用品。严格说来，后室又是伴随摩梭人一生的建筑空间，从他们的第一声啼哭，到去世后的等待火化，或者说从生命的开始直至终结，都离不开这个昏暗而狭小的空间。

主室除了专供女性家长、老年妇女及未成年人居住之外，也是整个“衣杜”的日常活动中心，他们在这里做饭、用餐、待客、聚会……在充满亲情的温馨气氛中使亲族的力量不断地得以凝聚。主室平面呈长方形，大都以男女柱之间的连线为界限将室内空间划分为寝卧与活动两大部分。在摩梭人的观念里，男女柱必须用同一棵

图4-6 后室（杨大禹 摄）
后室既是一个储藏空间，也是伴随摩梭人一生的建筑空间。他们在这个昏暗而狭小的空间中诞生，去世后也在这里等待火化。

图4-7 正房剖面图
从剖面上看，除了入口处的开敞和后室墙体的封闭有所不同之外，正房几乎可称得上是严格对称的。当然，男柱和女柱的区别也是十分明显的。（引自浅川滋男《云南省纳西族母系社会的居住样式与建筑技术的关系的调查与研究》）

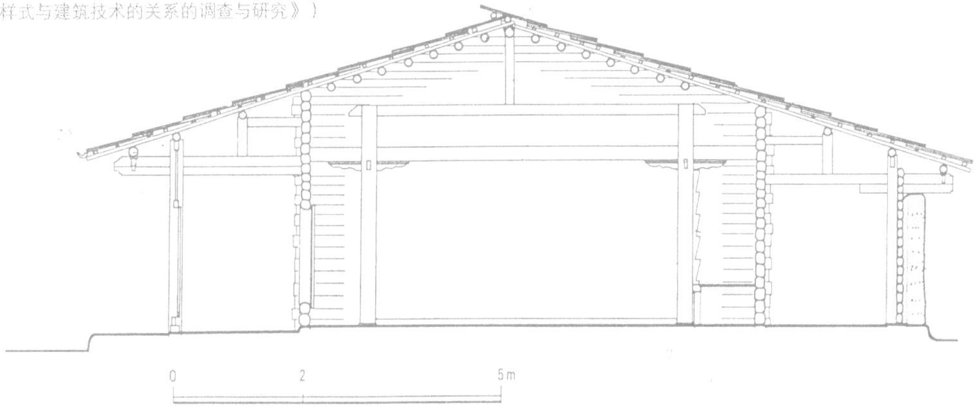

母系氏族生活的缩影

大树砍制而成，因为男女本系同根所生。这也从一个侧面表现出在摩梭人中曾经长期保留着的兄妹血缘婚的残存痕迹。有的男柱上还刻有阶梯状凹槽，既有与女柱相区别的标志作用，也有便于爬上天棚存取物品的实际功能。男女柱又是划分男性空间和女性空间的标志，少年男女的成年仪式必须分别在男柱或女柱附近举行。摩梭人还用男女柱来划分私密性空间和公共性空间，因此普通的客人来访时只能坐在男柱附近。

图4-10 意义重要的“下火塘”（杨大禹 摄）
所谓“下火塘”，就是设置在“果利”的中心位置的火塘，它也是摩梭人日常生活的中心，许多摩梭礼仪的形成均与它有着密切的联系。

图4-8 带有阶梯状凹槽的男柱（杨大禹 摄）/对面页上图
为什么要用砍出阶梯状凹槽的柱子来代表男柱？虽然有多种多样的解释，但人们的理解却是各不相同的。

图4-9 “果利”上的女主人（杨大禹 摄）/对面页下图
“果利”实际是用木板加以铺装供人坐卧的地方，它位于男女柱连线的一侧，比地面高出一步左右。这里既是女主人及少年男女日常起居及就寝之处，也是接待贵客的场所。

从入口的方向来看，男女柱连线的左侧地面比右侧要高出一步左右，并用木板加以铺装，上面可供人坐卧，当地人称其为“果利”。这里既是女主人及少年男女的寝卧之处，也可接待客人。在“果利”的中心位置有一口火塘，人称“下火塘”，系用石块砌筑而成。“下火塘”对面的墙上还要供“詹巴拉”，即喇嘛教的火神，类似于汉族常说的灶神，虽然二者在形式上有所不同，但意义却是十分相似的。“詹巴拉”在外观上呈莲瓣状，画有日、月、火焰等图案。

图4-11 火神“詹巴拉”
（杨大禹 摄）
在外观上呈莲瓣状的“詹巴拉”，其日、月、火焰等图案表达出人们对喇嘛教火神的敬畏心情。

# 五、家庭的心脏

图5-1 新房生火仪式

新房生火仪式是摩梭人在房屋盖好之后所举行的第一项重要仪式，实际也就是祭祀火塘神的仪式，其目的还是祈求火塘神保佑全家人幸福平安。摩梭人相信，只有获得了火塘神的保护，才能放心迁进新居。（引自严汝娴、宋兆麟《永宁纳西族的母系制》）

在相对封闭的摩梭人的主屋里，除了从屋面的排烟口透入的些许光线之外，再没有可供直接采光的设施。身处其中，可以说是终年难见天日。在还没有电灯的年代里，为摩梭人的主屋带来光明和温暖的，正是火塘里那永不熄灭的火焰。

火塘的前身大概只是简单的土坑，故也可称其为火坑，前人即有“古时煮食于火坑”的说法。早期的遗址如西安半坡遗址的火塘也大多是在地上挖掘出来的浅土坑。即使在今天，有些少数民族住宅中的火塘，也基本上是在土坑的基础上稍加修整而成的。就火塘的主要功用来说，它在早期建筑中并不只是用来“煮食”，更主要的可能还是用来采暖御寒，因为这对于尚无有效御寒手段的人们来说，可能是最为简便有效的措施。因此，火塘不仅是室内日常活动中心，而且是室内供暖中心，它的周围当然也就是最佳寝卧处了。这就在客观上确立了火塘在室内空间中的主导地位，难怪在中

图5-2 穿裙子仪式

"穿裙子"仪式，也就是摩梭少女的成人仪式。举行这种仪式时，不仅达巴要向火塘祈祷，少女也要在母亲的引导下向火塘叩头，以求得祖先或灶神的保护。（引自严汝娴、宋兆麟《永宁纳西族的母系制》）

国南方地区的大部分少数民族建筑中都能看到火塘的广泛使用。

火塘在摩梭人住宅中占有比较重要的地位。对于摩梭人来说，火塘并不仅仅是炊事活动的场所，而且是室内供暖的泉源，家人的起居生活大都围绕火塘进行。因此，火塘在客观上就成为室内日常活动的中心，从而建立起在室内空间布局中的主导地位。这一点从摩梭人的新房生火仪式中可以得到证明。摩梭人盖好房子后的第一件大事就是砌筑火塘。火塘砌筑好之后，才能举行新房生火仪式。所谓新房生火仪式，实际也是祭祀火塘神的仪式，目的是祈求火塘神保佑全家人幸福平安。只有获得了火塘神的保护，才能放心迁进新居，这就是举行新房生火仪式的意义所在。

摩梭人又将火塘看做家庭的心脏，因此火塘也就是家庭的代名词。当摩梭人举行驱鬼仪式时，要把鬼从火塘边一直撵到大门外，这才意味着将鬼从家中彻底赶走了。

火塘的座位与方位的规定与民族的原始宗教和社会等级制度有关。摩梭人认为右大于左，规定下火塘的右侧为尊贵位置，即女主人或女性的位置，男性只能坐在下火塘的左侧。



图5-3 具有禁忌意义的铁三脚锅桩石（杨大禹 摄）
铁三脚锅桩石原始功能是为了便于食物的烧煮，但在万物有灵的观念影响下，它同样被赋予了禁忌的意义。

图5-4 朴实无华的上火塘（杨大禹 摄）
上火塘看起来就像是一口填满土的大木箱，其功能在某种意义上与汉族的炉灶有相同之处，只是平时不常使用，节日时才派上用场。

即使是在举行丧葬仪式捆绑尸体时，男女性也必须在火塘的左右位置分别进行。此外，产妇必须在举行拜太阳仪式之后才可以迁入正室，住在下火塘的右侧。在为婴儿举行命名仪式时，达巴（巫师）也只能坐在下火塘的左侧上方念经。

火塘在居住生活中的重要性促使人们从依赖转向崇拜，从而产生出许多火塘禁忌。这些禁忌习俗制约着人们在火塘边的行为举止。它们集中反映了人们对火塘这个集聚着多种神灵、有着多种不同象征意义的家庭圣地的敬畏之情，同时也反映出民族的社会伦理思想。

作为家族、家庭认同体的火塘在人们的精神世界里是一个汇聚着多种精灵的领域，诸如火神、火塘神、火鬼、灶鬼、灶神、祖灵、家神等。摩梭人对象征这些精灵的火塘顶礼膜拜，唯恐触怒神灵而失去它们的保佑，招来灾难。摩梭少女举行“穿裙子”仪式亦即成人仪式时，不仅达巴（巫师）要向火塘（也就是祖先、灶神等）祈祷，少女也要在母亲的引导下向火塘叩头，以求得祖先或灶神的保护。摩梭人在每次进餐之前，都要向火塘敬献食品，以表达对祖先的敬奉之意。

火塘是家庭中至高无上的神域圣地，因此连原本十分普通的用来支锅的三块石头（也称锅桩石）也具有了神灵的象征意义，不得随意触动或更换。除此以外，还禁忌跨越火塘。人们认为人是受火塘神灵主宰支配的，其地位远远在火塘神灵之下，如果跨越火塘，就意味着以下犯上，冒犯了高高在上的神灵神界，因此有这种禁忌。

火塘的火是神灵或家庭命运的象征，也是幸福和吉祥的象征。人们认为火塘里的火不能熄灭，如果熄灭了就是不祥的征兆。基于这种观念，人们立下了许多旨在防止火焰熄灭的禁律。这种做法也是人们对保存火种的重要性的认识的具体体现。

与其他少数民族有所不同的是，在摩梭人的主室中，除了有一口下火塘之外，还有一口上火塘。上火塘同样呈方形，但高出地面，与木床高度大致相等，周围钉有木框，看起来就像是一口填满土的大木箱一样。上火塘的功能在某种意义上与汉族的炉灶有相同之处，只是平时不常使用，节日时才派上用场。

# 六、森林的恩赐

图6-1 泸沽湖畔的森林景色（杨大禹 摄）/前页
茂密的森林，既是泸沽湖秀美风光的组成部分，也是摩梭人建造住房的主要材料来源。

泸沽湖地处崇山峻岭之中，茂密的原始森林为人们提供了理想的建筑材料，也使得摩梭人的住房有了与众不同的鲜明特色。据明正德《云南志》卷十一的《丽江府风俗》记载，摩梭人的房屋是“用原木纵横相架，层而高之，至十许尺，即加椽桁，覆之以板，石压其上。房内四面皆施床榻，中置火炉，高与床齐”。这种房屋形式，当地人称其为“木垒子”或“木罗子”，用建筑学的术语来说也就是“井干式”房屋，其历史也相当久远。



“木垒子”房屋结构坚固，施工方便，但需要的木料较多，通常要砍700棵以上的大树才能盖成一幢正房，如果再加上东西厢房及门楼的话，所需木料的数量就更可观了。因此，准备木料是一项十分重要的建房前期工作。摩梭人对于森林所给予的恩赐怀有深深的敬畏，同时也十分注意对森林的保护。于是就有了“禁山”和“祭山”的举动。所谓“禁山”，就是规定自每年的农历四月初一至八月十五，



图6-2 摩梭“木垒子”房外观（杨大禹 摄）
从外观上看，摩梭“木垒子”房与我国其他地区常见的“井干式”房屋大致相同，只不过在加工制作方面显得更为精致一些。

图6-3 正在建造中的“木垒子”房（杨大禹 摄）
在摩梭人的一生中，建造“木垒子”房是一件大事，其建造过程也是亲友间互帮互助的过程，这也许是民族社会集体劳动习俗的反映

任何人均不得进山砍伐树木，以保证林木有一段稳定的生长期，从而使子孙后代免除木料匮乏之虞。“祭山”则是在禁山期间天天要进行的祭祀活动，由全村各家各户轮流主持。祭山的方式看起来很简单，无外是在村外的山坡上用干燥的松针点燃一个火堆，再由主祭者向火堆中抛撒一些酒和粮食。然而，透过这种简单的仪式，反映出来的则是先民对生活的意义的深刻理解。此外，进山砍伐木料的具体时间，也不是随意而定的，必须请喇嘛和达巴（即巫师）经过计算后方能确定。

从建房所需木料的数量还可看出，仅凭一家一户的力量是难以在短期内完成建房的任务的。因此，一家建房，家家帮忙，就成为摩梭人长久以来的一条不成文的规矩。同样的情形，几乎在中国各地的乡村中也都能见到。

参与建房的人一多，就需要有人来组织和指挥，才能保证工作的有序进行。担当这一重任的，通常被称为“大木匠”。大木匠不仅是施工的组织者，而且也是房屋的具体设计者，同时也兼有巫师的作用，其地位相当重要。

木料的加工是建房工作的一道重要工序，木匠们在大木匠的指挥下，首先要将晒干的树干加工成符合要求的圆木，并在圆木的两端砍出合适的码口，以便圆木能够互相咬合，同时也要在这些圆木上面用刀砍出记号，以确定方向和顺序。加工好的圆木经过试搭无误后，才能正式在地基上安装。

互相咬合、层层叠置的圆木构成了房屋的四壁，但这座房屋的最重要的构件，却是象征着男女或兄妹皆同出一源的两根中柱，也就是男女柱。由于被赋予了如此重要的象征意义，无论是男女柱用材的砍伐还是它们的架立，都被染上了浓厚的巫术色彩，进而演化成建房过程中不可或缺的巫术仪式。在砍伐被选定用作男女柱的大树之前，需要向山神献祭，祭品一般是一只羽毛纯白的鸡。架立男女柱的仪式更为隆重，主持者就是大木匠。他首先要在男女

图6-4 代替屋瓦的黄板（杨大禹 摄）/对面页
摩梭人用这种称作“黄板”或“滑板”的木板来代替瓦片。虽然黄板本身并不十分规则，但也分为底板和盖板两种，能够满足遮风避雨的要求。

柱附近放置一坛酒，同时还要将一些粮食盛放在一个木柜或竹篮里。正式举行巫术时，大木匠要手牵一只鸡绕着男女柱转圈。当他转过三圈之后，就刺破鸡冠，将鸡血滴于酒坛和粮食里，然后将鸡放飞，视鸡飞方向而定吉凶，通常以东方为吉。

建房的后续工序搭梁架椽，与其他民族的做法大同小异，惟其屋顶不用瓦铺而用板盖，亦是出于就地取材的考虑。以木板代替瓦片，虽不耐久，但有取材容易、更换方便之利，因而得以广为运用。由于木板之间不用任何粘结材料，为防止大风将木板刮走，屋面上需要用石头压在木板的搭接处来加以固定。这也是摩梭人民居的特征之一。摩梭人将这种木板称作“黄板”或“滑板”，每块黄板宽约17—18厘米，与普通的瓦片相类似地分为底板和盖板两种，底板宽阔而平直，盖板则略呈曲线状，它们因此而分别具有雌性和雄性的象征意义。美国学者麦可汉对此还有更进一步的发挥，他在《纳西族宇宙论和社会关系》一文中发表了这样的见解：“纳西族关于在轴向空间中男人和女人之间关系的观念延伸到性行为中。据说崇仁利恩（纳西始祖）和其妻衬红褒白命第一次怀孕的尝试因衬红褒白命在同房时坚持居于上方的位置而遭到失败。这种观念表现在纳西族关于屋顶的两种木板瓦的概念中。”

# 七、喇嘛与达巴

泸沽湖地区的摩梭人以信奉喇嘛教为主，但民间宗教信仰也占有相当重要的地位，因此出现了十分特殊的喇嘛与达巴（巫师）共存的局面。

喇嘛教也称藏传佛教，是印度佛教与我国西藏的本教相结合的产物，主要流行于藏、蒙等少数民族聚居地区，同时在川、滇及内地也有广泛传播。泸沽湖地区地处“茶马古道”，与滇西北迪庆州的藏族聚居区相距不远，大约在11世纪以后就受到喇嘛教影响。由于得到了当地统治势力的支持，喇嘛教在摩梭人聚居区发展较快，摩梭人也逐渐将日常的居住生活与喇嘛教紧密地联系在一起。

泸沽湖地区的喇嘛教在教派上分别属于藏传佛教的两个教派：格鲁派（黄教）和萨迦派。这两个教派所共同持守的基本戒律是“一不杀牲、二不偷盗、三不奸淫、四不诳语、五不饮酒”这五大戒。虽然黄教禁止喇嘛娶妻生子以及参加农业生产活动，但在泸沽湖地区的黄教喇嘛大都没有遵守这一禁令，他们与摩梭

图7-1 永宁的喇嘛寺（杨昌鸣 摄）

藏传佛教在摩梭人聚居区传播范围很广，管辖泸沽湖地区的永宁喇嘛寺是这一地区最大的一座藏传佛教寺院，在摩梭人的心目中占有相当重要的地位。这座寺院不仅是传播教义的场所，同时也是这一地区政教合一制度的权力象征。

人一样可以随时找“阿肖”，同时也可参加农业生产活动。

在喇嘛教传入泸沽湖地区之前，摩梭人主要信仰“达巴教”，也就是在其他纳西族聚居区域所广泛信仰的“东巴教”。“东巴教”的前身是远古纳西族先民所信仰的巫教，后来又受到其他民族的宗教如藏族的本教及藏传佛教等影响而逐步发展成熟，包容着自然崇拜、动物崇拜、祖先崇拜等多方面的内容，反映出原始宗教从初级形态到高级形态的发展变化轨迹，对于纳西族包括摩梭人的社会生活及精神世界等均有着不可低估的影响。由于“东巴教”本身就吸收有藏传佛教的成分，藏传佛教在这一地区的传播并未受到“东巴教”的顽强抵抗，于是就出现了两种宗教同时并存的局面。摩梭人的一些仪式须由喇嘛和“达巴”来共同主持，就是喇嘛教与“达巴教”和平共处的具体体现。比较突出的是，在摩梭人建造新房之前，不仅要请喇嘛计算二十八宿，而且要请达巴来看十二属相。这种双保险的做法，对于财力有限的摩梭人所进行的这项重大活动来说，无疑会提供一种心理上的慰藉。

从日常生活的角度来看，“达巴教”对摩梭人的影响要比喇嘛教的影响稍大些，这一点可以由达巴和喇嘛在摩梭人的各种仪式中所起的作用不同来得到证明。达巴，也就是“达巴教”的祭师，他们是各种神灵的代言人，具有渊博的学识，能够预测祸福，驱鬼请神。因此，达巴在绝大多数的摩梭人的仪式活动中都

图7-2 摩梭火葬仪式中的达巴形象

摩梭人认为达巴是各种神灵的代言人，他们具有渊博的学识，能够预测祸福、驱鬼请神。因此，在绝大多数的摩梭仪式活动中，达巴都是不可或缺的组织者和主要角色。（引自严汝娴、宋兆麟《永宁纳西族的母系制》）

是不可或缺的组织者和主要角色。摩梭人举行升火仪式时，虽然要由喇嘛通过占卜来确定升火的时间并且在仪式结束时念一遍经，但主要的活动都是由达巴来完成的：达巴先是用火和水对室内进行象征性的清扫，以便将恶鬼驱逐出去；然后要以念经的方式将各种神灵请来以保佑新居平安无事，最后则要祭祀灶神和祖先。此外在诸如祭祀生育女神、家庭添丁加口、少年男女成年、停尸火葬等仪式中，达巴也扮演着重要的角色。

达巴和喇嘛还有一个区别是：达巴并不是专职的，他们平时与普通人一样在家从事农耕或渔猎生产活动，念经等法事活动都是临时性的；达巴基本上是家庭世袭、代代相传的，因此相互间不存在统属与被统属的关系。喇嘛则是一种专门的职业，进行法事活动是经常性的；喇嘛也很少有世袭的情形，普通人只要自愿出家大都可以成为喇嘛，但必须纳入某个教派及其所属寺院的管理系统之中。

# 八、家庭寺院与村寨的『守护神』

经堂是摩梭人院落的一个重要组成部分。所谓经堂，就是摩梭人在家里供佛念经的场所，也可以说是设置在摩梭人家里的寺院。

宗教活动家庭化也与摩梭人母系家庭所具有的强烈的内聚性有关。以血缘关系为纽带的母系家庭本身就是一个相对独立的社会，家庭与集体属于同一概念，大多数集体或社会活动都可以在家庭内部完成。在这种观念的驱使下，各家各户分设经堂来满足家庭宗教活动的需要，就成为一种可以理解的举动。

经堂一般独立设置，也有设置在正房一侧的情形。在大多数场合，独立设置的经堂通常为两层，其结构形式与日常居住的正房所采用的“井干式”结构有所不同，大体上属于以立柱为主要承重构件的“穿斗式”结构体系，外墙材料以土坯为主，正立面则以木板为主要装饰材料。经堂首层不住人，主要用于贮存柴草。楼上才是供佛念经及喇嘛的日常起居场所。当经堂设置在正房一侧时，其建筑形式往往与主屋相同。经堂内的主要陈设是佛龛，在门板和墙壁上有时也画有壁画。室内光线阴暗，烟雾缭绕，笼罩着一层神秘的气氛，与它特定的使用功能十分吻合。

除了家庭经堂以外，喇嘛教寺院在整个村寨的日常生活中也扮演着重要的角色，在某种意义上可以将其看做村寨的“守护神”。

图8-1 典型的经堂外观（杨大禹 摄）

在大多数场合，摩梭人的经堂都设置在一座独立的二层小楼上，它们在外观上并无太多的特点，因而初来乍到的人很难判明它的真实用途。

图8-2 紧挨正房设置的经堂（杨昌鸣 摄）/后页

在洛水下村，有的经堂不是独立设置的小楼，而是紧挨着正房设置的平房。产生这种差异的原因，虽然有多种解释，但似乎还不足以使人信服。

图8-3 某经堂入口壁画（杨昌鸣 摄）
经堂的门板上所画的壁画，既具有宣传宗教的意义，也具有美化环境的作用。

图8-4 某经堂内景（杨昌鸣 摄）

经堂内的主要陈设是佛龛。由于室内几乎处于密闭状态，主要的采光只能借助于那几盏昏暗的酥油灯，缭绕的烟雾使室内笼罩着一层朦胧而神秘的气氛，与它特定的使用功能十分吻合。

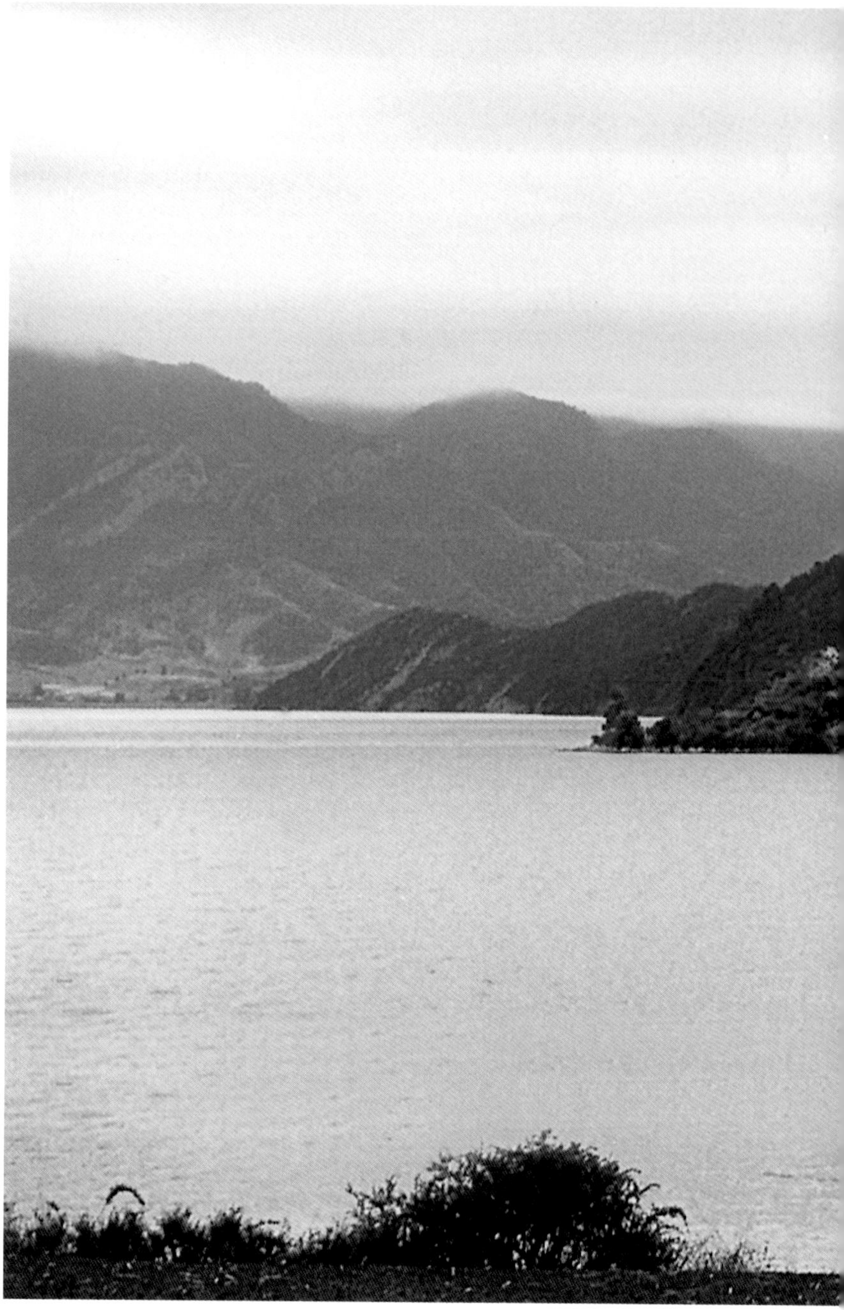

图8-5 里务比岛上的喇嘛庙远眺（杨大禹 摄）

这座由擅长建筑的白族匠人建造的寺院，从建筑外观上来看，兼具藏族、汉族和白族建筑的某些特点，很容易使人联想到他们在苍山洱海的杰作。

图8-6 院落内的喇嘛堆（杨昌鸣 摄）

在自家的院落内堆上一座喇嘛堆，就相当于把神灵请到了自己的家中，家庭的幸福与安宁从此便有了保障。



洛水村的喇嘛庙其实不在村里，而是在泸沽湖中的里务比岛上。这座寺院在“文革”中曾被拆毁，不久前才重新修复，目前有十余名喇嘛住在这里。从建筑外观上来看，寺院兼具藏族、汉族和白族建筑的某些特点。具体地说，基座的栏板采用了汉族建筑常用的栏板的形式，底层墙身的梯形窗和入口柱廊的处理则几乎是藏族寺院建筑模式的简单照搬，至于屋顶的造型处理更是容易使人联想到擅长建筑的白族匠人在苍山洱海的杰作。

与大多数喇嘛寺院建筑一样，不论其外部造型如何，室内的装饰总是具有比较浓烈的藏族特征：色彩斑斓的“唐卡”、青烟缕缕的酥油灯，使人顿时从喧嚣的人间凡世进入宁静的宗教圣境。

在村头、路口、甚至是村民的院落中，我们还可以看见一座座用白色的石块堆砌而成的

图8-7 村头的喇嘛堆（杨大禹 摄）
喇嘛堆既具有一种精神上的标志意义，可以在观念上对村落的界限或是道路的转折起到明确的限定作用，又很自然地成为村民日常活动的中心，无论是节庆喜事或是祭祀活动，通常都要在喇嘛堆前的空地上来进行。

“喇嘛堆”。这些原本普普通通的白色石块，由于被喇嘛写（刻）上了经文而身价陡增，它们的累积过程是一个个信徒祈求吉祥平安的自发行动，自然也非一日之功。作为喇嘛教的祭祀对象之一，喇嘛堆既不像寺院那样雄伟壮观，也不像经堂那样严肃规整，它以一种质朴而自然的面貌出现在村落之中，不必借助喇嘛的念诵，石头上的经文早已铭记在人们的记忆深处，无形中制约和规范着全村人们的日常行为模式。因此，喇嘛堆既具有一种精神上的标志意义，可以在观念上对村落的界限或是道路的转折起到明确的限定作用，又很自然地成为村民日常活动的中心，无论是节庆喜事还是祭祀活动，通常都要在喇嘛堆前的空地上来进行。更有意思的是，村民们所采用的每天绕喇嘛堆旋转几圈的祈福方式，在某种意义上来说，与藏民的转经筒可谓异曲同工。如果我们将喇嘛堆看做一座露天的喇嘛庙，也许并不过分。

# 九、靠水吃水

由于洛水村距离永宁乡还有一段路程，商业贸易相对来说还不算发达，村里人基本上过着自给自足的生活。除了自己种植的蔬菜以外，主要的副食供应必须借助于渔猎活动。碧波荡漾的泸沽湖不但为村民提供了良好的生活环境，而且为他们提供了丰富的水产资源，这也可能是人们将泸沽湖称为“母海”的一个原因吧。在洛水村逗留的日子里，我们每天的主要菜肴就是产自泸沽湖的细鳞鱼。这种鱼肉质细嫩、味道鲜美，加工起来也非常方便，即使在缺乏必要的调料的情况下，也足以让我们大快朵颐。



靠水吃水，是人类为求得生存而经常采用的一种很自然的选择。考古学资料表明，泸沽湖畔的摩梭人和普米人开展捕鱼活动的时间相当久远，其捕鱼方法和工具也很多，常根据具体情况的不同而灵活采用。每到桃红柳绿的阳春三月，无论男女都会用木棒和木鱼刀到湖边的浅滩去砍鱼。那些正在浅滩产卵的细鳞鱼不

图9-1 泸沽湖上捕鱼人（杨昌鸣 摄）
碧波荡漾的泸沽湖不但为村民提供了良好的生活环境，而且为他们提供了丰富的水产资源。在湖上进行捕捞活动是他们的经济收入的主要来源之一。

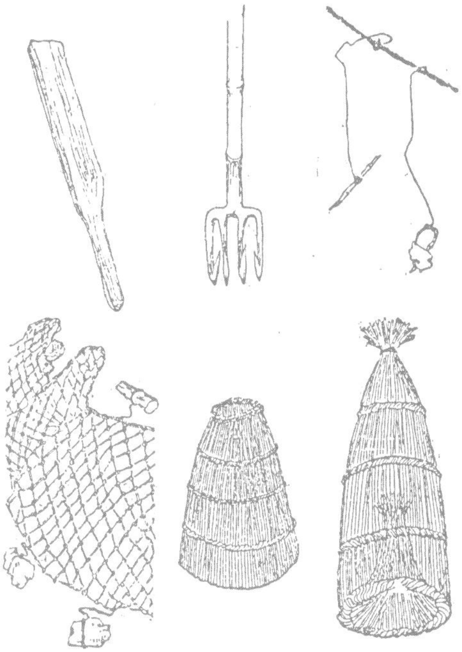

图9-2 捕鱼的工具
摩梭人很早就学会了利用各种材料来制造捕鱼工具。尽管这些工具在制作工艺上还难登大雅之堂，但却是非常实用的。（引自严汝娴、宋兆麟《永宁纳西族的母系制》）

仅可使村民一饱口福，而且可为他们换回其他必需的生产生活资料。更多的时候，人们是驾着用一棵粗大的树干剜制而成的“猪槽船”到湖水深处去捕鱼。这时他们所采用的工具主要是木鱼叉、带索鱼镖和渔网。木鱼叉起初是用天然的树杈来制作，后来逐渐改为在木棍上安装铁制的双齿或三齿鱼叉。带索鱼镖是我国古代常见的一种捕猎工具，它由木杆及活动镖头组合而成。这种活动镖头系有绳索，绳索的一端握在操作者手中，当鱼被刺中以后，镖头就会和木杆分离，不论鱼挣扎着游得多远，只要绳索在手，都可手到擒来。使用渔网固然可以提高产量，但如果要使用比较大的“拉网”，单靠个人的力量就有些力不从心了。在这种场合，通常要集体行动，在富有经验的首领的

图9-3 停泊在湖畔的猪槽船（杨大禹 摄）
将大树树干的中心挖空，再稍作装饰，就成为一艘造型独特的“猪槽船”。这名称的来源大概是因为它的造型酷似盛放猪食的猪槽。摩梭人的心灵手巧和善于联想，由此可见一斑。

图9-4 湖上旅游场景（杨大禹 摄）
搭乘简陋的“猪槽船”观赏湖上美景，耳听驾船摩梭女子娓娓动听的解说甚或是寻找“阿肖”的情歌，游人莫不感到心旷神怡、浮想联翩。

指挥之下，前后夹攻，共同协作，收获自然也颇为可观。这种壮观的集体捕捞活动，常常会使我们联想起人类早期与大自然进行集体抗争的情景。在对集体劳动的收获进行分配时，村民们依然采用了比较原始的平均分配制度，这也从一个侧面反映了其先民当时的生产生活状况。



随着洛水村的知名度的不断提高，前来进行学术考察和旅游观光的人越来越多。原来主要用于捕捞作业的“猪槽船”本身的独特造型也成为游客关注的一个热点，乘着“猪槽船”观赏泸沽湖的秀美景色已是一项必备的活动内容，这也为村民提供了一条新的致富途径。与当地妇女在经济生活中占有主导地位的情况相适应，操持这项业务的也主要是妇女。人们一坐上从未坐过的“猪槽船”本来就十分兴奋，再加上驾船的摩梭女子娓娓动听的解说，莫不感到心旷神怡。如果遇上“船老大”心情好，她们还会展开歌喉，落落大方地为人们唱起寻找“阿肖”的情歌。游人虽然听不懂歌词的具体内容，却能从那韵味醇厚的旋律中感受到一种神秘浪漫的气氛。

# 十、迎接明天

图10-1 游客与摩梭人共舞（杨大禹 摄）
在熊熊的篝火旁，与摩梭人一起畅饮自酿的美酒，翩翩起舞，是游客们津津乐道的节目之一。



图10-2 新建客房的门窗细部（杨大禹 摄）/对面页
尽管摩梭人深受藏传佛教的影响，但这些带有强烈的藏族建筑特征的门窗细部处理方式，也只是最近几年才逐渐在泸沽湖畔流行起来的。

母系社会毕竟只是人类历史发展长河中的一朵浪花，尽管它曾经折射出耀眼的光彩，但终究是要被历史所淘汰的。当然，从母系制向父系制的转换，是一个比较复杂的过程。由于民族发展的不平衡性，不同的民族完成这种转换的时间是各不相同的。也正因为如此，在大多数民族已经完成了从母系制向父系制的转换这一历史变革的情况下，泸沽湖畔的摩梭人依然保留着的母系制遗风，就显得更加突出，更容易为人们所珍视。

事实上，泸沽湖畔的摩梭人也并非一成不变地维系着母系制。就在这个小小的村落中，我们可以看到母系家庭、父系家庭同时并存，此外还有一些模棱两可的情形。随着时代的发展，摩梭人的“走婚”也逐渐发生了一些变化。有些“阿肖”由临时性的、短期的发展到相对固定的、长期的。在这个基础上，有些小家庭虽然仍保持着女方居住的名义，但实质上

图10-3 旅游带来的景观变化（杨大禹 摄）/前页
为满足日益兴旺的旅游活动的需要，越来越多的新建筑出现在洛水村。人们也许以为只有这些失去了自身特色的新建筑才能满足来自大城市的人们的需要，殊不知人们真正想要领略的却是那些原汁原味的东西。



已经与父系家庭大同小异了。导致这种变化的原因，并不是政府的行政干预，而在很大程度上是经济杠杆的制约。抚养子女费用的增加，仅靠母系家庭显然难以承受，因此对父系分担费用的要求日益迫切，然而临时性的“阿肖”关系在对子女亲缘的认定上必然会产生矛盾。在这种情况下，保留“走婚”的形式而寻求内容的变化也就成为由母系制向父系制演化过程中的一个不可避免的环节。

古老的家庭婚姻形态与奇特的社会风俗习惯，为摩梭人的生活蒙上了一层神秘的色彩；高原明珠泸沽湖的秀美风光，更使洛水村具备了莫大的吸引力。洛水村的村民们敏锐地抓住了这一难得的契机，积极开展旅游事业，使之成为带动全村经济发展的支柱产业。慕名前来洛水村观光的旅游者不断增加，使村民的收入有了大幅度的增加，生活水平得到明显的改善。另外，旅游事业的发展不仅使外界对摩梭文化的内涵有了较为清晰的了解，同时也或多或少地用现代社会的生活方式、思想意识等影响着摩梭人的固有观念。

旅游事业的发展也对村落的格局产生了一些影响，村民们为接待游客而大量建造客房，出现了一些新的建筑形式。有的新建筑采用了当地汉族建筑常见的形式，与原有建筑的朴素形象形成一种鲜明对照，难免使人产生不协调的感觉。再加上对道路的修整以及对原有建筑的个别拆改，都使洛水村的风貌呈现出较大的变化。这种发展趋势对于泸沽湖的未来究竟是喜是忧，还是一个未知数。

目前摆在洛水村的村民面前的一个重要问题是，面对着来自现代社会越来越多的冲击和影响，如何才能在保持本民族文化传统精髓的前提下，尽快跟上现代社会的发展步伐。他们正面临一个两难的选择：是继续维持母系居住和“走婚”的生活方式，抑或快速向父系家庭（一夫一妻制）演进？选择前者将会受到家庭经济方面的挑战，而且也与社会的发展进程不相适应；但选择后者也会受到社会习俗的制约，同时也有丧失民族独特吸引力的危险。好在他们还有足够的时间去思索和比较，他们一定会按照自己的意愿去迎接明天，明天的泸沽湖依然会充满悬念。

# 洛水下村家庭世系表

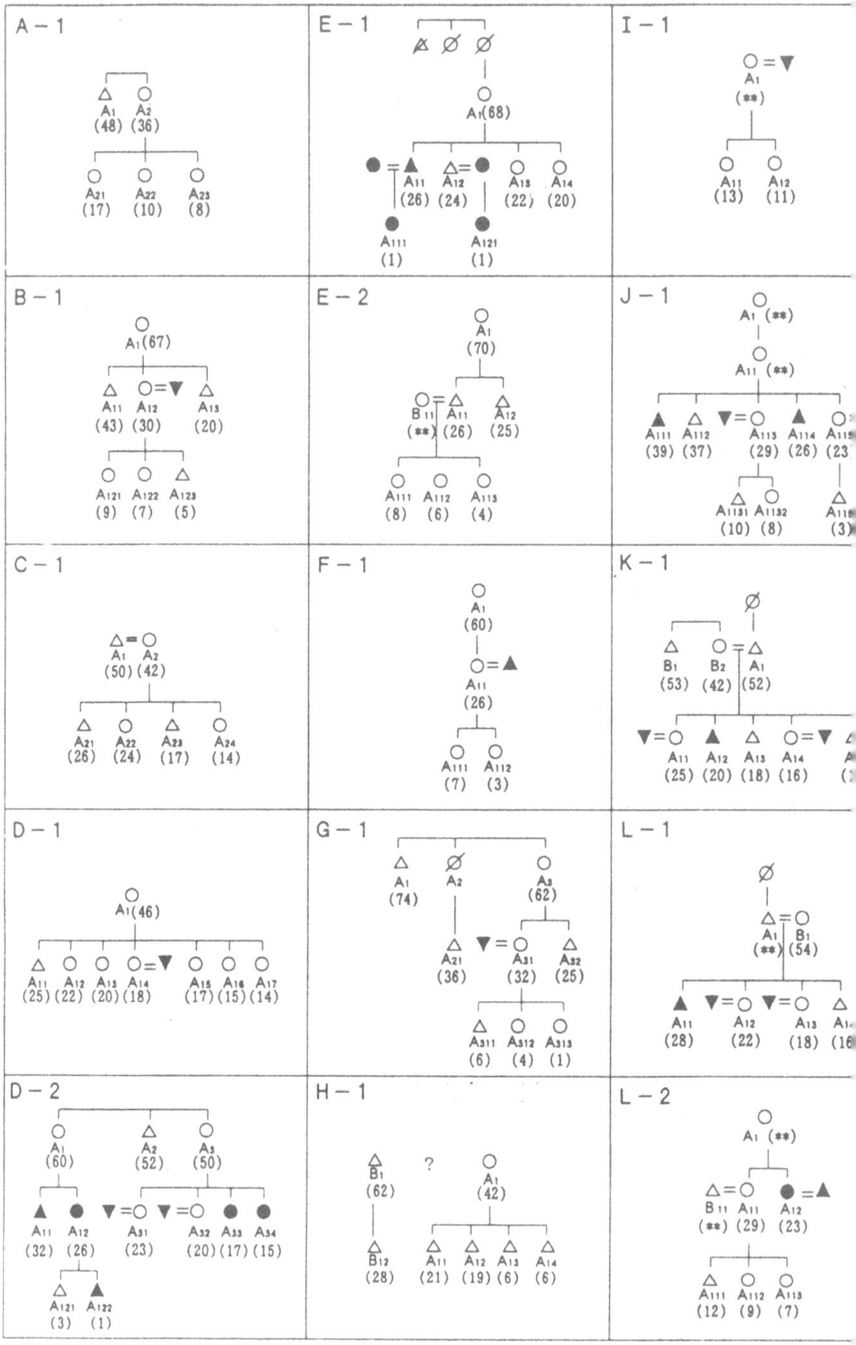

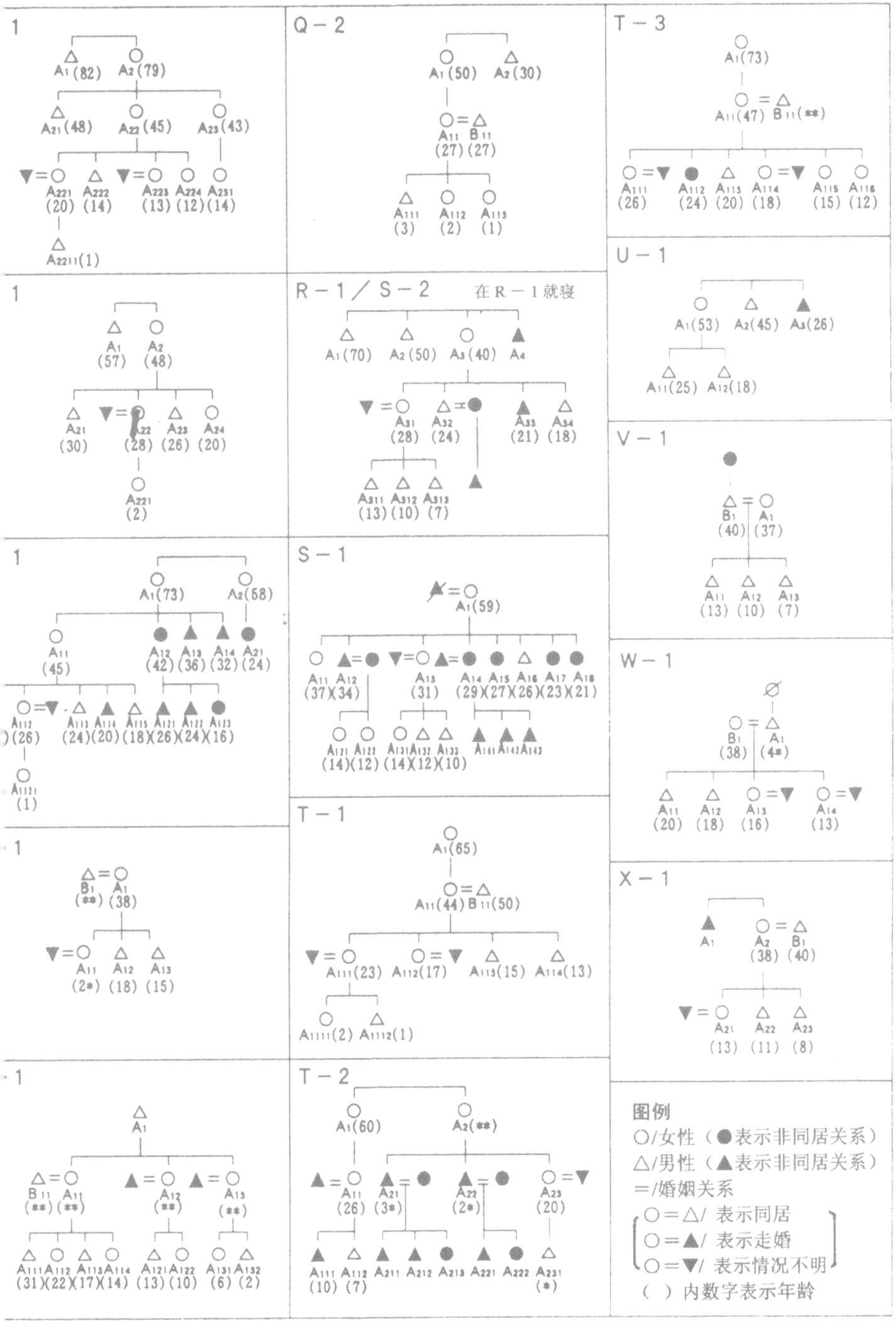
Q－2
T－3
U－1
R－1／S－2　在R－1就寝
V－1
S－1
W－1
T－1
X－1
T－2
图例
○/女性（●表示非同居关系）
△/男性（▲表示非同居关系）
＝/婚姻关系
○＝△/ 表示同居
○＝▲/ 表示走婚
○＝▼/ 表示情况不明
（ ）内数字表示年龄